essentials

essentials liefern aktuelles Wissen in konzentrierter Form. Die Essenz dessen, worauf es als „State-of-the-Art" in der gegenwärtigen Fachdiskussion oder in der Praxis ankommt. *essentials* informieren schnell, unkompliziert und verständlich

- als Einführung in ein aktuelles Thema aus Ihrem Fachgebiet
- als Einstieg in ein für Sie noch unbekanntes Themenfeld
- als Einblick, um zum Thema mitreden zu können

Die Bücher in elektronischer und gedruckter Form bringen das Expertenwissen von Springer-Fachautoren kompakt zur Darstellung. Sie sind besonders für die Nutzung als eBook auf Tablet-PCs, eBook-Readern und Smartphones geeignet. *essentials:* Wissensbausteine aus den Wirtschafts-, Sozial- und Geisteswissenschaften, aus Technik und Naturwissenschaften sowie aus Medizin, Psychologie und Gesundheitsberufen. Von renommierten Autoren aller Springer-Verlagsmarken.

Weitere Bände in der Reihe http://www.springer.com/series/13088

Hans Paetz gen. Schieck

Atome, Kerne, Quarks – Alles begann mit Rutherford

Wie Teilchen-Streuexperimente uns die subatomare Welt erklären

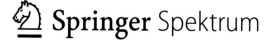 Springer Spektrum

Hans Paetz gen. Schieck
Institut für Kernphysik
Universität zu Köln
Köln, Deutschland

ISSN 2197-6708   ISSN 2197-6716   (electronic)
essentials
ISBN 978-3-658-24810-9   ISBN 978-3-658-24811-6   (eBook)
https://doi.org/10.1007/978-3-658-24811-6

Die Deutsche Nationalbibliothek verzeichnet diese Publikation in der Deutschen Nationalbibliografie; detaillierte bibliografische Daten sind im Internet über http://dnb.d-nb.de abrufbar.

Springer Spektrum

Springer Spektrum ist ein Imprint der eingetragenen Gesellschaft Springer Fachmedien Wiesbaden GmbH und ist ein Teil von Springer Nature
Die Anschrift der Gesellschaft ist: Abraham-Lincoln-Str. 46, 65189 Wiesbaden, Germany

Was Sie in diesem *essential* finden können

- Wie mit Methoden, die Rutherford eingeführt hat, die Struktur (insbesondere die räumliche Dimension) der subatomaren Bausteine unserer Welt erforscht wurde.
- Wie in der Physik das Wechselspiel zwischen Experiment und Theorie (bzw. Modellbildung) funktioniert.
- Welche besondere Bedeutung Rutherford zukommt: genialer Experimentator, Entdecker des Atomkerns, des Protons und vieler anderer neuer Erkenntnisse.

Vorwort

The aim of all science is to cover the greatest number of empirical facts by logical deduction from the smallest number of hypotheses or axioms.

Albert Einstein
Life magazine, 9. Januar 1950

Die **Kernphysik** und unser Wissen über dieses Gebiet sind gerade einmal etwa 100 Jahre alt. Da erscheint es angemessen, darüber nachzudenken, nicht nur, wie rasant sich das Gebiet der Atome, Kerne und Teilchen bis zu den Quarks und Gluonen entwickelt hat, sondern auch, wie alles begonnen hat. Hier spielt die Person von Ernest Rutherford eine alles überragende Rolle. Dies nicht nur, weil er die richtigen Beobachtungen und Experimente richtig interpretiert und als großartiger Experimentator eine ganze Reihe bahnbrechender Entdeckungen gemacht hat, sondern weil er damit die wissenschaftliche Methode des Wechselspiels zwischen Theorie und Experiment beispielhaft eingesetzt hat, die heute als Standard gilt. Ein Beispiel ist das Standardmodell (SM)[1] der Teilchenphysik, in dem fast alle bisherigen Beobachtungen zusammengefasst sind und konsistent beschrieben werden. Das Modell gilt aber als unvollständig, z. B. weil es über die Massen der verschiedenen Quarks oder Leptonen oder die mysteriöse „dunkle Materie" keine Aussagen macht. Solche „Unvollkommenheiten" und weitergehende Theorien wie Stringtheorien und die Idee der Supersymmetrie geben

---

[1]Wegen ihres häufigen Auftretens werden im Text nach einer Definition die folgenden Abkürzungen verwendet: **NP** = Nobelpreis in Physik, **NPC** = Nobelpreis in Chemie, **WW** = Wechselwirkung, **WQ** = Wirkungsquerschnitt, **SM** = Standardmodell.

Anlass, nach „neuer" Physik zu fahnden, vgl. z. B. [37]. Dank Rutherfords Anfängen hat sich unser Weltbild gewaltig verändert:

- Die Struktur der Materie erscheint wie bei **Zwiebelschalen**[2] als ineinandergeschachtelte, in der Größenordnung sehr unterschiedliche Hierarchie-Ebenen. Der Kern ist ca. fünf Größenordnungen kleiner als die Elektronenhülle, die die Größe des Atoms bestimmt, während Elektronen, Myonen, Quarks als punktförmig, also auch strukturlos angenommen werden. Es kommt also sehr darauf an, sich ein Bild von der genauen Größe der „Bausteine" zu machen. Hierzu sind Teilchenstreuexperimente besonders geeignet. Dieses Buch beschränkt sich wesentlich darauf, die Entwicklungen unserer Vorstellungen von äußeren Eigenschaften wie der Größe der Teilchen der subatomaren Physik darzustellen und inwieweit allein dadurch unser Wissen über diese sehr kleinen Objekte bestimmt wird. Vergessen wir nicht: typische Dimensionen sind für Atome 10^{-10} m (Einheit 1Å), für Kerne 10^{-15} m (Einheit 1fm) und für Quarks und Leptonen kleiner als 10^{-18} m. Beim klassischen Lichtmikroskop wächst das Auflösungsvermögen, wenn die Wellenlänge des Lichtes abnimmt (Grund: Beugungserscheinungen aufgrund des Wellencharakters des Lichtes). In der Quantenmechanik (auch: Wellenmechanik, de Broglie, 1925) ist die Materiewellenlänge definiert als $\lambda = h/p$ mit $p = mv$, dem Impuls des Projektils. Sie ist also umso kleiner, je höher die Energie des Teilchens ist – daher die zunehmende Größe der Beschleuniger, s. auch Kap. 10.
- Erkannt wurde das Wirken distinkt unterschiedlicher Kräfte (starke und schwache, Coulomb- und Gravitations-Wechselwirkung). In der modernen Physik stellt man sie sich vor als durch den Austausch von **Bosonen,** d. s. Teilchen mit ganzzahligen Spins wie das Photon, die W- und Z-Bosonen etc., vermittelt. Andererseits sind die fundamentalen Bausteine der Materie **Fermionen,** also Teilchen mit halbzahligen Spins wie das Elektron und die Quarks. Der Reduktionismus der Physik besteht darin, bei den Bausteinen möglichst einfache universelle elementare Objekte zu finden. Bei den Kräften strebt man Vereinigungen wie die zwischen elektrischer und magnetischer zur elektromagnetischen WW (Maxwell) oder zwischen elektromagnetischer und schwacher WW zur elektroschwachen WW (Weinberg) an. Das SM umfasst auch die starke WW, nicht aber die Gravitation.

---

[2]Diese Idee wird in dem Buch [14] ausgeführt.

Inhaltsverzeichnis

1   Einleitung... 1

2   Biografisches 5

3   Atome und unser Wissen vor Rutherford 7

4   Kerne 9
    4.1   Rutherfordstreuung und Atomkern........................ 9
    4.2   Rutherford-Streuquerschnitt............................ 12
    4.3   Ergebnis des Experiments 15
    4.4   Konsequenzen des Rutherford-Experiments und
          seine historische Bedeutung............................ 15
    4.5   Trajektorien im Punktladungs-Coulombfeld 16
    4.6   Minimaler Streuabstand d 17

5   Die Entdeckung des Protons in der ersten
    „echten" Kernreaktion..................................... 21

6   Entdeckung des Neutrons und etwas Kinematik................ 23
    6.1   Chadwicks Entdeckung des Neutrons 23
    6.2   Das Neutron und die Kernstruktur....................... 24

7   Ausdehnung und Ladungsverteilung der Kerne 27
    7.1   Elastische Elektronenstreuung – Hofstadters Experiment 28

8   Der Teilchenzoo... 37

9 Die Quarks 39

  9.1 Das Modell 39

  9.2 Der Nachweis der Partonen in Hadronen –
      tief-inelastische Elektronenstreuung 40

10 Beschleuniger als „Engines of Discovery" 45

11 Zusammenfassung 47

Glossar 51

Literatur 53

Einleitung 1

Mit dem berühmten Rutherford-Experiment begann 1911 die eigentliche **Kernphysik.** Das Verhalten an schweren Elementen gestreuter α-Teilchen ließ sich nur deuten, wenn man im Inneren des Atoms ein sehr kompaktes (d. h. kleines und dichtes) Streuzentrum annahm, das die positive Ladung Ze (Z ist die Ordnungszahl im Periodensystem und die Anzahl der Elektronen in der Hülle des neutralen Atoms) und fast die gesamte Masse trägt. Die Masse wird hier in „atomaren Masseneinheiten" $u = 1,660538921 \cdot 10^{-27}\,\text{kg} = 1/12 \cdot \text{m}(^{12}\text{C})$ gemessen, die übliche Masseneinheit im Bereich der Atome. Die Atommassenzahlen $A = N + Z$ sind ganzzahlig, die tatsächlichen (d. h. z. B. mit Massenspektrometern gemessenen) Atom-(oder Kern-)Massen unterscheiden sich von $A \cdot u$ durch den **Massendefekt,** der nach Einsteins $E = mc^2$-Formel aus der unterschiedlichen **Bindungsenergie** der einzelnen Nuklide stammt.

Um 1917 gelang Rutherford der Nachweis einer echten Kern(umwandlungs)-Reaktion, bei der ein neues Teilchen, das Proton, der Kern des Wasserstoffatoms mit $A = 1$ entstand. Damit wurde ein wichtiger Baustein der Kernstruktur entdeckt, aber noch nicht, was die Kerne gegen die gegenseitige Abstoßung durch die elektrostatische Coulombkraft zusammenhält (wie ein Klebstoff). Erst die Entdeckung des Neutrons durch J. Chadwick 1932 (ein Mitarbeiter und Schüler Rutherfords) und damit der **starken Wechselwirkung** lieferte den plausiblen Ansatz für die Kernstruktur und die Erklärung der bereits 1913 von Soddy beschriebenen **Isotope** als Kerne zu einem Z, aber verschiedener Neutronenzahl N [32]. Nach und nach erschloss sich die gesamte **Nuklidkarte** mit inzwischen über 3000 Nukliden. Wichtige Teilgebiete der heutigen Kernphysik sind neben dem Studium der Kernreaktionen das Gebiet der **Kernspektroskopie,** also das Studium aller Eigenschaften all dieser Nuklide und ihrer angeregten (Quanten-)Zustände sowie eine große Zahl von

© Springer Fachmedien Wiesbaden GmbH, ein Teil von Springer Nature 2019
H. Paetz gen. Schieck, *Atome, Kerne, Quarks – Alles begann mit Rutherford,* essentials, https://doi.org/10.1007/978-3-658-24811-6_1

Anwendungen: nukleare Astrophysik, Nuklearmedizin, Materialforschung, Forensik, Archäologie u. v. a.

Rutherford nutzte dazu die gleiche Methode wie beim Streuexperiment, die im Prinzip bis heute verwendet wird: ein eng kollimierter Strahl einfallender Teilchen („Projektile") wird auf einen Targetkern geschossen, und die Reaktionsprodukte („Ejektile") werden mit einem geeigneten Detektor gezählt, d. h. ihre Häufigkeit wird als Funktion der Reaktionsart, des Reaktions- oder Streuwinkels und der Energie gemessen. Die Teilchen erzeugen Lichtblitze in fluoreszierenden Materialien, was zur Entwicklung der Szintillationsdetektoren (mit Fotomultipliern) führte. Zwei andere Entwicklungen waren der Nachweis der Ionisation solcher Teilchen in Materie (Ionisationskammern, Proportional- und Geiger-Müller-Zählrohre, Funkenkammern, Vieldrahtkammern, Halbleiter-Detektoren) und die Wilsonsche Nebelkammer (später Blasenkammer).

Eine entscheidende Rolle bei der weiteren Entwicklung der Kern- und Teilchenphysik spielten und spielen noch immer die Beschleuniger mit entsprechenden Ionenquellen, da man nur geladene Teilchen (Ionen, aber auch Elektronen, Myonen etc.) beschleunigen kann. Die zunehmende Coulomb-Abstoßung bei schwereren Kernen, das Studium von endothermen Kernreaktionen (d. h. solche mit negativem Q-Wert), aber auch die Notwendigkeit höherer Energien zur Erzeugung neuer Teilchenarten mit höherer Masse (s. die Einsteinsche Energie-Masse-Beziehung $E = mc^2$) motivierten die Erfindung und stürmische Entwicklung von Beschleunigern, die bis heute anhält, s. z. B. [45]. Es begann mit R. Widerões Linearbeschleuniger 1928 und seinen Arbeiten zum Betatron. 1931/1932 wurden das Zyklotron erfunden und der Van-de-Graaff-Beschleuniger entwickelt. 1932 wurde die erste Kernreaktion mit der Gleichstrommaschine von Cockroft und Walton initiiert. Das Synchrotron und der Linearbeschleuniger bilden heute die Beschleuniger mit den höchsten Energien, s. auch Kap. 10.

Alle zusammen haben zu einer solchen Fülle von **neuen** Teilchen geführt, dass man vom **Teilchenzoo** spricht, bei dem ein tiefergehendes Ordnungsprinzip zunächst nicht erkennbar war, außer dass man die Teilchen z. B. nach ihren Wechselwirkungen ordnen konnte (**Hadronen** = v. a. stark wechselwirkend, **Leptonen** = v. a. schwach wechselwirkend). Erst durch die Schaffung des **Standardmodells SM** durch M. Gell-Mann u. v. a. seit 1964 konnte man Ordnung in das System bringen. Ein wichtiger Baustein, der den im Prinzip masselosen Teilchen des Modells ihre Masse verleiht (aber nicht deren Wert erklärt), war die Entdeckung des **Higgs-Bosons** 2016. Alle gefundenen Teilchen passen in das SM; es ist aber nicht vollständig, da es z. B. die Massenwerte aller Teilchen nicht erklären kann. Was ist mit der Realität und den Eigenschaften der Quarks? Es waren letztlich Experimente wie das von Rutherford, die z. B. die Quarks als punktförmig erwiesen, ihnen einen Spin zuordneten und eine neuartige Eigenschaft, die **Farbe** bzw. **Farbladung** zuwiesen.

Naturgemäß kann ein Buch wie das vorliegende nicht alle denkbaren Aspekte des Themas im Detail behandeln. Wir empfehlen daher im Literaturverzeichnis die Literatur zum Weiterlesen.

Biografisches

Ernest Rutherford gilt als der Vater der Kernphysik und als einer der bedeutendsten Experimentalphysiker zu Beginn des 20. Jahrhunderts. Abb. 2.1 zeigt ihn etwa im Jahr 1908. Sein Lebenslauf (1871–1937) sei hier in Kurzfassung wiedergegeben.

1871	Geboren in Brightwater, Neuseeland, als Sohn englischer bzw. schottischer Einwanderer
1890–1895	Studium University of Christchurch (Neuseeland)
1894	Promotion über magnetische Wirkungen von Hochfrequenzschwingungen
1895–1898	Postdoc und Mitarbeiter von J.J. Thomson im Cavendish Lab. Cambridge
1898–1907	McDonald-Professor an der McGill University in Montreal (Kanada)
1900	Entdeckung der „Thorium-Emanation" (=Radon $_{86}^{220}$Rn), als Folgeprodukt der $_{90}^{232}$Th-Zerfallsreihe, zusammen mit F. Soddy (NPC 1921), des exponentiellen Zerfallsgesetzes der Radioaktivität sowie Schaffung des Begriffs *Halbwertszeit*
1907–1919	Arbeit an der University of Manchester
1908	NPC
1911–1912	Das berühmte Streuexperiment, zusammen mit Marsden und Geiger
1919	Direktor des Cavendish-Laboratoriums in Cambridge [11]
1919	Erste Kernumwandlungsreaktion, Entdeckung und Benennung des Protons
1937	Verstorben in Cambridge

© Springer Fachmedien Wiesbaden GmbH, ein Teil von Springer Nature 2019
H. Paetz gen. Schieck, *Atome, Kerne, Quarks – Alles begann mit Rutherford*, essentials, https://doi.org/10.1007/978-3-658-24811-6_2

Abb. 2.1 Ernest Rutherford etwa im Jahr 1908. (Quelle und ©: Ref. Nr. 1/2-050243-F-F, Alexander Turnbull Library, Wellington, New Zealand)

Atome und unser Wissen vor Rutherford

Griechische Philosophen wie Demokrit (ca. 460–370 v. Chr.) und andere hatten postuliert, dass die Materie aus kleinsten, unteilbaren Bausteinen, den Atomen, bestehe. Warum es über 2000 Jahre dauerte, bis diese Idee recht plötzlich wieder die Forscher und Philosophen elektrisierte, darüber kann man nur spekulieren. Jedoch scheint das Übergewicht der Ideen des Aristoteles (400–320 v. Chr.) dies so lange verhindert zu haben [46].

Welche Methoden zur Identifizierung von Elementen (Atomarten) existierten vor Rutherford? Zunächst war es die **Chemie,** die durch das Studium chemischer Reaktionen die atomaren und molekularen Eigenschaften der verschiedenen Elemente erforschte und durch die Feststellung von Ähnlichkeiten letztlich die Einordnung in Gruppen mit ansteigender Ordnungszahl Z (später Kernladungszahl) in das Periodensystem durch Mendelejev ermöglichte (Beispiele: Halogene, seltene Erden oder Erdalkalimetalle). Die Deutung dieser Systematiken gelang erst mit der Quantenmechanik (mit dem Pauli-Prinzip für die Atomelektronen) und nach der Entdeckung des Atomkerns.

Erst im 19. Jahrhundert „sahen" Chemiker und Physiker solche Elementarbausteine am Werk in der kinetischen Gastheorie, in chemischen Reaktionen und bei der Elektrolyse. Die kinetische Gastheorie verband makroskopische Materieeigenschaften wie Druck, Temperatur etc. mit Eigenschaften hypothetischer mikroskopischer Teilchen (Atome, Moleküle) wie deren Geschwindigkeiten, Massen oder Anzahldichten. Bei chemischen Reaktionen gilt z. B. das Gesetz der konstanten bzw. multiplen Proportionen (Dalton ca. 1808), dessen Inhalt i. w. ist, dass „die kleinsten Einheiten jedes Stoffes aus wenigen Atomen bestehen und alle Atome eines Elements einander gleichen" (Zitat nach [46]). Die Gesetze der Elektrolyse von Faraday enthalten sinngemäß: *Gleiche Ladungsmengen transportieren in*

© Springer Fachmedien Wiesbaden GmbH, ein Teil von Springer Nature 2019
H. Paetz gen. Schieck, *Atome, Kerne, Quarks – Alles begann mit Rutherford,* essentials, https://doi.org/10.1007/978-3-658-24811-6_3

Elektrolyten gleiche Massen, m. a. W. die transportierten Teilchen sind **elementare** Ladungsträger.

Wichtig war das Studium von Gasentladungen in Vakuumröhren zwischen Elektroden (Anode und Kathode), wobei die Atome durch hohe Spannungen (Funkeninduktor) ionisiert und beschleunigt wurden. Diese Strahlen erwiesen sich einerseits als negativ geladene leichte Teilchen (Kathodenstrahlen, d. h. Elektronen, entdeckt durch J.J. Thomson 1897, NP 1906), andererseits als schwere, positiv geladene Ionen (Kanalstrahlen, P. Lenard, NP 1905). Durch Ablenkungsmessungen in

- elektrischen Feldern $(\vec{K}_e = e \cdot \vec{E})$ – hier sind die Bahnen Parabeln und/oder
- magnetischen Feldern: $(\vec{K}_m = m\vec{v} \times \vec{B})$ – die Flugbahnen sind Kreise mit Radius $R = \frac{v}{(e/m) \cdot B}$

konnten Ladung, Polarität und Masse dieser Fragmente bestimmt werden, sodass man annehmen musste, dass Elektronen und Ionen „irgendwie" im Atom enthalten seien – ohne genaue Strukturvorstellungen zu haben. Die hier angewandten Methoden waren „hart", d. h. sie beruhten auf der Zerlegung unbekannter Objekte, um deren Bausteine zu identifizieren. Die Methoden führten kombiniert zur Entwicklung des **Massenspektrographen** (F. W. Aston, 1919, NPC 1922), der durch die hochgenauen Massenbestimmungen der Elemente feine Abweichungen von der Ganzzahligkeit der Atommassenzahlen A – die **Massendefekte** – aufzeigte, die ihre Ursache in den verschiedenen Bindungsenergien der Kerne haben. Die am LHC im CERN durchgeführten Experimente sind ebenfalls eher harte Kollisionen.

Rutherford war der Erste, der die „weiche" Methode der elastischen Streuung an solchen Objekten verwandte, um über deren Struktur und die wirkenden Kräfte Auskunft zu erhalten. So konnte er zeigen, dass das Atom aus einem positiv geladenen, kompakten (d. h. sehr kleinen) Kern und einer ihn umgebenden Hülle von Elektronen in großem Abstand besteht. Speziell die Struktur dieser Hülle war unklar, und selbst das Modell von N. Bohr (NP 1922), das kreisförmige Bahnen für die Elektronen annahm, konnte nur unter ad hoc eingeführten unerklärten Annahmen und angenähert nur für Wasserstoff funktionieren. Erst die Quantenmechanik ab 1924 (und viel später die Quantenelektrodynamik) lieferten die „richtige" Beschreibung der Elektronenhülle.

Kerne

4

4.1 Rutherfordstreuung und Atomkern

Rutherfords Methode wurde zum Musterbeispiel für Methoden, die später zur Entdeckung der Quarks als Bausteine der den Kern bildenden Nukleonen führten. Darüber hinaus erwiesen sie sich als Bausteine aller Hadronen (der Teilchen, die den **starken Wechselwirkungskräften** unterliegen) und die einen Teil des riesigen Zoos aller Teilchen bilden. Der Begriff Elementarteilchen verbietet sich für diese, nicht aber für die Quarks und Leptonen, die im Standardmodell (SM) Ordnung in diesen Zoo bringen.

Bevor wir Rutherfords Experiment im Detail beschreiben, müssen wir den fundamentalen Begriff des **Wirkungsquerschnittes** einführen. Die kinetische Gastheorie war insofern Vorbild, als man aus dem Stoßverhalten sehr vieler Atome oder Moleküle in einem Gas wie Wasserstoff oder Sauerstoff auf makroskopisch messbare Größen und deren Zusammenhänge wie Druck, Volumen oder Temperatur schließen konnte. Man hatte gelernt, dass Atome, die eine räumliche Ausdehnung haben, sich genau dann stoßen, wenn ihre Querschnittsflächen sich mindestens berühren. Das setzt allerdings voraus, dass sie selbst relativ scharfe Konturen, anders ausgedrückt: einen scharfen Rand haben. Stellt man sich die Moleküle daher in der Projektion als kreisförmige Scheibchen vor, die einen Radius r haben, so erfolgt ein Stoß bei einem Abstand der Zentren von 2r. Die Trefferfläche, die ein Maß für die Wahrscheinlichkeit eines Stoßes ist, ist $F = 4\pi r^2$. Das ist der **klassische Wirkungsquerschnitt.** Man beachte, dass die Messgröße Wirkungsquerschnitt die Dimension einer Fläche hat (z. B. cm^2), eine Wahrscheinlichkeit aber dimensionslos sein muss. Daher soll hier zunächst eine Definition gegeben werden, die sowohl dem klassisch zu

© Springer Fachmedien Wiesbaden GmbH, ein Teil von Springer Nature 2019
H. Paetz gen. Schieck, *Atome, Kerne, Quarks – Alles begann mit Rutherford*, essentials, https://doi.org/10.1007/978-3-658-24811-6_4

9

beschreibenden Molekülstoß als auch der modernen **quantenmechanischen Beschreibung** genügt.

Es muss noch differenziert werden, dass man bei einem Streuprozess zum einen die Gesamtzahl der Ereignisse beschreiben kann. Hierzu dient der *integrierte oder totale WQ* $\sigma(E)$. Dieser ist z. B. wichtig für die Ausbeute eines Kernreaktors, in dem Neutronen Spaltungen hervorrufen. Andererseits will man oft wissen, wie viele Ejektile aus Streuereignissen in welche Richtung fliegen. Strenger ausgedrückt (da es sich um Intensitäten handelt): wie viele Streuteilchen in welches Raumwinkelelement $d\Omega$ unter den Streuwinkeln (in Polarkoordinaten) Polar- und Azimut-Winkel θ und ϕ pro einfallendem Teilchen emittiert werden. Dies beschreibt der *differenzielle WQ* $d\sigma(E, \theta, \phi)/d\Omega$. Er ist wichtig, wenn man die Wechselwirkung (bzw. Kraft), die die Streuung bestimmt, näher erforschen will.

In der klassischen Beschreibung gibt es keine Unschärferelation und daher haben alle Teilchen zu einem festen Zeitpunkt einen festen Ort $\vec{r}$ und festgelegten Impuls bzw. eine feste Geschwindigkeit $\vec{v}$. Bei einer Streuung bewegen sich die Teilchen auf wohldefinierten lokalisierten Bahnen.

In der quantenmechanischen Beschreibung kommt jedem Teilchen eine Wahrscheinlichkeitsdichte $\Psi(\vec{r}, t)$ zu, also das Quadrat der Wellenfunktion $\Psi(\vec{r}, t)$, die theoretisch als Lösung der Schrödinger-Gleichung (oder relativistisch der Dirac-Gleichung) erhalten wird, wenn man die wechselwirkenden Kräfte kennt. Eine Kernreaktion wird i. a. als stationäres Problem beschrieben und mit der zeitunabhängigen Schrödinger-Gleichung behandelt. Auch im Bereich der Quantenmechanik (im **subatomaren** Bereich) gelten dieselben Erhaltungssätze für Energie, Impuls und Drehimpuls wie bei klassischen Stößen. Andere können aber verletzt sein, was von der Art der Wechselwirkung abhängt, von denen es vier bzw. drei gibt: starke, elektromagnetische und schwache (zusammengefasst elektroschwache) und Gravitation. Beispielsweise ist in der schwachen Wechselwirkung die Paritäts-Symmetrie (also die bei Spiegelung am Ursprung) maximal verletzt, die klassisch z. B. bei Stoßprozessen keine Schwierigkeiten macht.

Wenn die Aufgabe darin besteht, genau diese Kräfte zu studieren, kann man mit Modellannahmen sowohl in die klassische wie in die quantenmechanische Beschreibung eingehen. Die Korrektheit der theoretischen Modelle (d. h. das Maß an Übereinstimmung mit der Wirklichkeit) muss durch Messungen von entsprechenden, von den Modellen vorhergesagten Observablen überprüft werden. Im Falle der Kernphysik können das **statische** Eigenschaften von Kernen sein wie z. B. deren Massen, Radien, Ladungen, Anregungsenergien, elektrische oder magnetische Momente etc. oder Ergebnisse von Kernreaktionen. Hier ist eine der wichtigsten Größen eben der Wirkungsquerschnitt (WQ). Da die Experimente meist aufwendig sind, hat sich der direkte Vergleich zwischen solchen Messgrößen und den Vorhersagen der Theorie als geeignete Schnittstelle herausgestellt.

In der Quantenmechanik sind Teilchen und Wellen nur zwei Aspekte derselben Sache, kurz: **Teilchen sind Wellen.** Daher benutzt man im Einzelfall die Beschreibung, die praktischer ist. In der Kern- und Teilchenphysik ist es meist das Teilchen. Bei den Kernreaktionen, die man sich analog zu chemischen Reaktionen vorstellen kann, reagieren i. a. zwei einlaufende Teilchen miteinander, d. h. sie werden entweder nur elastisch aneinander gestreut (wie Billardkugeln) oder erzeugen andere Teilchen, wobei wegen Massenunterschieden nach der Relativitätstheorie Energie entweder freigesetzt (exotherm, positiver Q-Wert) oder gebraucht (endotherm, negativer Q-Wert) wird (Kernreaktionen im eigentlichen Sinne).

Formal und vollständig lautet die **Definition des Wirkungsquerschnitts:**

> Der (differenzielle) WQ ist die Zahl der Teilchen einer bestimmten Sorte aus einer Reaktion, die, pro Targetkern und Zeiteinheit, in ein Raumwinkelelement $d\Omega$, das aus den Streuwinkelintervallen $\theta...\theta + d\theta$ und $\phi...\phi + d\phi$ gebildet wird, emittiert werden, dividiert durch den Fluss j einlaufender Teilchen.

(Der Fluss j ist eine Teilchenstromdichte, hat also die Dimension Teilchen pro Zeit und einlaufender Fläche, woraus sich für den WQ die Dimension einer Fläche ergibt; der Raumwinkel Ω bzw. $d\Omega$ ist dimensionslos).

Ohne Azimutabhängigkeit, d. h. bei zylindrischer Symmetrie der Streuung um die Achse des einlaufenden Teilchens, erhält man damit die klassische Formel für den WQ. Die übliche theoretische Beschreibung ist die in einem Koordinatensystem, in dem der Schwerpunkt der einlaufenden Teilchen ruht **(Schwerpunktsystem),** in das im Laborsystem gemessene Größen zum Vergleich umgerechnet werden können. Bei sehr schweren Targetkernen stimmen die beiden Systeme annähernd überein.

Unter Benutzung des „Stoßparameters" $b = b(E, \theta)$ (s. Abb. 4.2) und mit der Zahl der einlaufenden Teilchen $j d\sigma = j \cdot 2\pi b \, db$ ergibt sich

$$\left(\frac{d\sigma}{d\Omega}\right)_{\text{klass}} = \frac{2\pi b \, db}{2\pi \sin\theta \, d\theta} = \frac{b}{\sin\theta} \cdot \left|\frac{db}{d\theta}\right|. \tag{4.1}$$

$\theta(b)$ nennt man *Ablenkungsfunktion*. Sie enthält die Dynamik der Kernreaktion, d. h. den Einfluss der zwischen den Teilchen wechselwirkenden Kräfte und bestimmt den Ablauf der Streuung (also z. B. den WQ) vollständig.

Die Messungen, die H. Geiger und E. Marsden um 1910 in Manchester durchführten und die theoretische Interpretation der Ergebnisse durch Ernest Rutherford [16, 27] stellen einen Meilenstein in unserem Verständnis der Struktur der Materie dar. Sie bilden den Beginn der „Kernphysik" und damit auch den Beginn korrekter

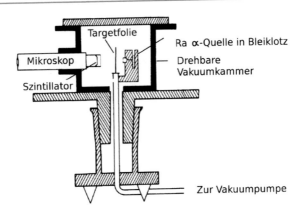

Abb. 4.1 Der Originalaufbau von Rutherfords, Geigers und Marsdens erstem Kernstreuexperiment in Manchester 1908 bis 1913. (Quelle: Geiger H, Marsden E, Phil. Mag., Series 6, **25**, 604 (1913), ©1913 Taylor & Francis)

Vorstellungen in der Atomphysik sowie den Beginn der „Teilchenphysik" heutiger Prägung. Zugleich zeigen die verwendeten Methoden und Apparate schon alle Merkmale moderner Streu- bzw. Kernreaktionsexperimente, wie an der Abb. 4.1 der Originalapparatur in Manchester deutlich wird.

Man sollte sich klarmachen, dass im subatomaren Bereich nur die Quantenmechanik die korrekte Beschreibung aller Zustände und Vorgänge liefern kann. Es ist eher einem Zufall zu verdanken, dass im Fall der Rutherfordstreuung die Formel für die Abhängigkeit des differenziellen WQs $d\sigma(\theta)/d\Omega$ vom Streuwinkel θ exakt mit der quantenmechanisch abgeleiteten übereinstimmt. Deshalb und aus Gründen der Anschaulichkeit soll hier nur die klassische Ableitung folgen und für die quantenmechanische auf die Literatur verwiesen werden, s. z. B. [42].

4.2 Rutherford-Streuquerschnitt

Die Ableitung des Rutherford-Streuquerschnitts soll unter folgenden Voraussetzungen erfolgen:

- Projektil und im Labor ruhendes Streuzentrum (das Target) sind Punktteilchen.
- Der Targetkern wird als unendlich schwer angenommen.

- Die Wechselwirkungskraft ist die elektrostatische Kraft zwischen zwei Punktladungen.

$$K_C = \pm \frac{1}{4\pi\epsilon_0} \cdot \frac{Z_1 Z_2 e^2}{r^2} = \frac{C}{r^2} \qquad (4.2)$$

mit dem Coulomb-Potenzial $V_C = \pm C/r$.

- „Klassisch" bedeutet, dass Teilchen und Trajektorien lokalisiert sind und keine Welleneigenschaften zeigen.

Abb. 4.2 zeigt die klassische Streusituation. Die Ablenkungsfunktion erhält man am einfachsten über die Erhaltung des Drehimpulses in der Streuung sowie die Bewegungsgleichung in einer Koordinate y

$$L = m v_\infty b = m r^2 \dot{\phi} = m v_{min} d \qquad (4.3)$$

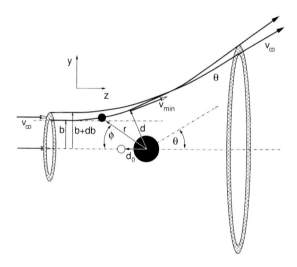

Abb. 4.2 Klassische Rutherford-Streuung. „Klassisch" bedeutet, dass die Teilchen und deren Trajektorien lokalisiert (nicht unscharf) sind und keine Welleneigenschaften wie Interferenzen zeigen. Nur die Punkt-Coulombkraft soll wirken und die klassischen Erhaltungssätze sollen gelten. Mit der geeigneten Definition des Wirkungsquerschnittes können theoretische Vorhersage und experimentelles Ergebnis verglichen werden. b ist der „Stoßparameter", d der minimale Abstand bei der Streuung, d_0 das minimale d beim zentralen Stoß, d. h. bei Rückstreuung. (Quelle: Darstellung des Autors)

und

$$dt = r^2 d\phi / v_\infty b \qquad (4.4)$$

$$m\Delta v_y = \int F_y dt$$

$$v_\infty \sin\theta = \frac{C}{mv_\infty b} \int_{-\infty}^{\infty} \dot{\phi} \sin\phi \, dt$$

$$= \frac{C}{mv_\infty b} \int_0^{\pi-\theta} \sin\phi \, d\phi = \frac{C}{mv_\infty b}(1 + \cos\theta). \qquad (4.5)$$

Transformiert man noch auf den halben Streuwinkel

$$\cot(\theta/2) = mv_\infty^2 b / C = v_\infty L / C, \qquad (4.6)$$

ergibt sich das Inverse der Ablenkungsfunktion

$$b = \frac{C}{2E_\infty} \cdot \cot\left(\frac{\theta}{2}\right). \qquad (4.7)$$

Mit der Ableitung

$$\frac{db}{d\theta} = \frac{C}{2mv_\infty^2} \cdot \frac{1}{\sin^2(\theta/2)} = \frac{C}{4E_\infty} \cdot \frac{1}{\sin^2(\theta/2)} \qquad (4.8)$$

ergibt sich direkt der Rutherford-WQ

$$\frac{d\sigma}{d\Omega} = \frac{1}{(4\pi\epsilon_0)^2}\left(\frac{Z_1 Z_2 e^2}{4E_\infty}\right)^2 \cdot \frac{1}{\sin^4(\theta/2)}. \qquad (4.9)$$

Numerisch

$$\frac{d\sigma}{d\Omega} = 1{,}296 \left(\frac{Z_1 Z_2}{E_\infty(MeV)}\right)^2 \cdot \frac{1}{\sin^4(\theta/2)} \left[\frac{mb}{sr}\right]. \qquad (4.10)$$

Charakteristisch für den Rutherford-WQ sind drei Dinge: die quadratische Abhängigkeit von den Kernladungszahlen Z_1 und Z_2, die die jeweilige Atomart bestimmen, die Energieabhängigkeit $\propto E^{-2}$ und die starke Abhängigkeit vom Streuwinkel $\propto \sin^{-4}(\theta/2)$.

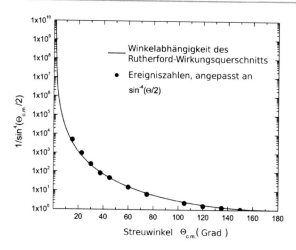

Abb. 4.3 Die Kurve zeigt die starke Winkelabhängigkeit des theoretischen Rutherford-WQs $\propto \sin^{-4}(\theta/2)$. Die Punkte sind die Originaldaten, die in Tabellenform als Ereigniszahlen ohne Fehlerbalken vorliegen und nicht in WQe umgerechnet sind [16]. Sie wurden daher zum Vergleich an die theoretische Kurve angepasst und zeigen nahezu perfekte Übereinstimmung (Heutzutage würde man mindestens eine Fehlerabschätzung oder berechnete Fehlerbalken erwarten). (Quellen: Geiger H, Marsden E, Phil. Mag., Series 6, **25**, 604 (1913) (Messpunkte), © 1913 Taylor & Francis und Darstellung des Autors)

4.3 Ergebnis des Experiments

Die Ergebnisse des Rutherford-Geiger-Marsden-Experiments zeigt Abb. 4.3. In der Grafik sticht besonders die starke Winkelabhängigkeit dieses Wirkungsquerschnittes hervor sowie die perfekte Übereinstimmung zwischen Theorie und Experiment. Die Originaldaten von [16] wurden an die theoretische Kurve angepasst.

4.4 Konsequenzen des Rutherford-Experiments und seine historische Bedeutung

Rutherford und seine Mitarbeiter Geiger and Marsden (später auch Chadwick) benutzten α-Teilchen aus radioaktiven Quellen als Projektile. Deren Energien waren so niedrig, dass die minimalen Streuabstände d für alle Streuwinkel groß gegen die Summe der zwei Kernradien von Projektil und Target waren.

- Die vollständige Übereinstimmung zwischen den Messresultaten und der Punkt-Rutherford-Streuformel zeigt, wie nach dem Gaussschen Gesetz der Elektrostatik zu erwarten: eine ausgedehnte Ladungsverteilung verhält sich im Raum außerhalb der Ladungsverteilung wie eine Punktladung mit einem r^{-1} Potenzial im Zentrum, und beide können nicht unterschieden werden. Daher musste Rutherford zunächst den Kern als punktförmig annehmen.

- Das seltene, aber nachgewiesene Vorkommen von Streuereignissen unter rückwärtigen Winkeln (bis 180°) zeigt bereits durch einfache kinematische Betrachtungen eindeutig, dass der Targetkern schwerer war als das Projektil.

- Die Kombination beider Resultate führte zu der Erkenntnis, dass es im Inneren des Atoms einen **kompakten Kern** (d. h. ein sehr kleines und schweres Objekt) geben muss und dass damit die Idee von J.J. Thomson eines „Plum-Puddings" von Elektronen, in dem positive Ladungen wie Rosinen eingebettet sind, widerlegt war.

- Die spezielle Abhängigkeit des Rutherford-WQs von den Kernladungszahlen Z_1 des Projektils und Z_2 des Targetkerns konnte genutzt werden, um das damals bekannte Periodensystem der Elemente zu korrigieren und damit als Ganzes zu bestätigen.

Mit der klassischen Ableitung des Rutherford-WQs und den verwendeten Definitionen ergeben sich andere (anschauliche) Messgrößen, die für weitere Betrachtungen wichtig werden, mit den Fragestellungen:

- Auf welchen Trajektorien bewegen sich die Teilchen (bzw. das Projektil)?
- Wie nahe kommen sich Projektil und Target bei größter Annäherung?

4.5 Trajektorien im Punktladungs-Coulombfeld

Für die Bewegung unter dem Einfluss des Feldes einer Zentralkraft wie der Coulomb- oder Gravitationskraft mit einem Abstandsgesetz $\propto r^{-2}$ zeigt die klassische Mechanik, dass die Trajektorien der elastischen Streuung (d. h. mit positiver Gesamtenergie) Hyperbeln sind, deren Form man einfach mit Drehimpuls- und Energierhaltung ableiten kann.

$$L = mr^2\dot{\phi} = const \tag{4.11}$$

$$E = \frac{mr^2}{2} + \frac{L^2}{2mr^2} + \frac{C}{r}. \tag{4.12}$$

In diesen Gleichungen kann man dt eliminieren. Die Integration von

$$d\phi = -\frac{L}{mr^2}\left[\frac{2}{m}\left(E - \frac{C}{r} - \frac{L^2}{2mr^2}\right)\right]^{-1/2} dr \qquad (4.13)$$

liefert

$$r = \frac{L^2}{mC} \cdot \frac{1}{1 - \epsilon \cos \phi}. \qquad (4.14)$$

mit $b = L/\sqrt{2mE}$. Mit $k = L^2/mC$ und $\epsilon = \sqrt{1 + \frac{4E^2b^2}{C^2}}$ (die „Exzentrizität")
erhält man die Standardform von Kegelschnitten, d. h. für das ungebundene Streu-
system sind das **Hyperbeln.**

$$\frac{1}{r} = \frac{1}{k}(1 - \epsilon \cos \phi). \qquad (4.15)$$

Wir haben damit auch einen Zusammenhang zwischen **Stoßparameter b, Streuwinkel θ und Drehimpuls L,** korrekterweise gequantelt $\ell\hbar$.

$$b = \frac{1}{2}d_0 \cot \frac{\theta}{2} = \frac{\ell\hbar}{p_\infty}. \qquad (4.16)$$

4.6   Minimaler Streuabstand d

Zur Beschreibung dieser Größe braucht man zusätzlich den Energieerhaltungssatz

$$\frac{mv_\infty^2}{2} = \frac{mv_{min}^2}{2} + \frac{C}{d}. \qquad (4.17)$$

Der absolut kleinste Streuabstand d_0 wird im zentralen Stoß ($\theta = 180°$) erreicht
mit:

$$E_\infty = \frac{mv_\infty^2}{2} = \frac{C}{d_0}. \qquad (4.18)$$

Damit und mit dem Drehimpulserhaltungssatz Gl. 4.3 folgt die Relation:

$$b^2 = d(d - d_0) \qquad (4.19)$$

und die Lösung

$$d = \frac{C}{2E_\infty}\left(1 + \sqrt{1 + b^2 \frac{4E_\infty^2}{C^2}}\right)$$

$$= \frac{d_0}{2}\left(1 + \frac{1}{\sin\theta/2}\right). \tag{4.20}$$

Abb. 4.4 zeigt den klassischen Streuabstand in Relation zum Minimalabstand d_0 als Funktion des Streuwinkels θ. Es ist interessant, das Abstandsverhalten für das Geiger-Rutherford-Experiment numerisch mit Gl. 4.18 zu berechnen. Rutherford benutzte Zerfälle aus der $^{238}_{92}$U-Zerfallsreihe mit drei Energien, darunter aus der Radium-Emanation (Radon) $^{222}_{86}$Rn mit 5,490 MeV und $^{214}_{84}$Po mit 7,687 MeV. Allerdings unterlagen die α's einem gewissen Energieverlust durch das dünnwandige Glasröhrchen, in dem das Radongas eingeschlossen war. Rechnen wir mit den Kernladungszahlen $Z_1 = 2$ für das $\alpha = (^4_2\text{He})$ und $Z_2 = 79$ für Gold ($^{197}_{79}$Au) und mit diesen beiden Energien, so ergeben sich Minimalabstände von $d_0 = 41,4$ bzw. 29,6 fm (1 fm $= 10^{-15}$m). Zieht man die Summe der beiden

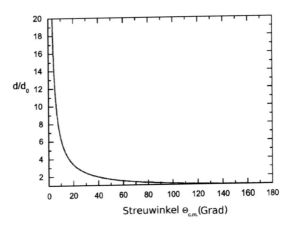

Abb. 4.4 Minimaler Streuabstand als Funktion des Streuwinkels θ. Diese klassische Größe gibt einen Eindruck davon, wie nahe sich Kerne als Funktionen von Energie und Streuwinkel kommen und – wenn man deren radiale Ausdehnung berücksichtigt – wann sie sich „berühren", m. a. W. bei welcher Energie und welchem Streuwinkel (zuerst bei $\theta = 180°$) sie gegenseitig in den Bereich der kurzreichweitigen nuklearen Kräfte (s. u.) kommen. (Quelle: Darstellung des Autors)

Kernradien $R = 1,24 \cdot (4^{1/3} + 197^{1/3}) = 9,2\,\text{fm}$ (s. Gl. 7.1) davon ab, ergeben sich noch sehr große Entfernungen zwischen beiden Kernladungsverteilungen. Erst bei α-Energien um 25 MeV kommt es zum Überlapp und starkem Einfluss der Kernausdehnung und der starken Kernkräfte, s. a. [35].

Die Entdeckung des Protons in der ersten „echten" Kernreaktion

Mit Rutherfords α-Streuexperimenten war zwar die Existenz des Atomkerns gesichert und Niels Bohr konnte darauf aufbauend sein Atommodell mit in großem Abstand auf Kreisbahnen umlaufenden Elektronen entwickeln. Jedoch konnte man nichts über die Struktur der Kerne wissen („Was waren die α-Teilchen der Masse 4? Was bedeuteten die Ordnungszahlen Z? Was hält die Kerne zusammen, obwohl sich die hypothetischen positiv geladenen Kernbausteine durch ihre Coulombkraft abstoßen müssen?"). Einen Teil der Antwort lieferte die Entdeckung (und Namensgebung) des **Protons,** ebenfalls durch Rutherford 1919 nach Vorarbeiten zusammen mit Marsden [28]. Bei Streuexperimenten beobachteten sie mit einem Szintillationsschirm eine Strahlung mit größerer Reichweite in Luft (28 cm) als der der ursprünglichen α-Teilchen (4,7 cm). Es stellte sich heraus, dass diese Strahlung aus einer Kernreaktion

$$\alpha + {}^{14}\text{N} \rightarrow {}^{17}\text{O} + \text{p} \tag{5.1}$$

stammte, also aus einer **Transmutation** der einlaufenden Teilchen in andere mit einem Q-Wert (in der Chemie: ‚Wärmetönung') von $-1,193$ MeV, also eine Art endothermer Reaktion zwischen Kernen mit entsprechend höheren Energien, die sich aus den Massenzahldifferenzen der beteiligten Kerne berechnen. Die verwendete Apparatur war wieder sehr einfach: eine dichte Kammer, gefüllt mit Luft, und mit einer α-Quelle in variablem Abstand vom Szintillationsschirm, s. Abb. 5.1.

© Springer Fachmedien Wiesbaden GmbH, ein Teil von Springer Nature 2019
H. Paetz gen. Schieck, *Atome, Kerne, Quarks – Alles begann mit Rutherford*, essentials, https://doi.org/10.1007/978-3-658-24811-6_5

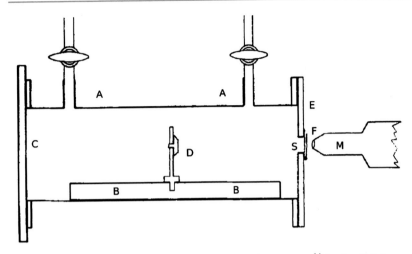

Abb. 5.1 Von Rutherford von 1917 bis 1920 benutzter Apparat, um ^{14}N mit α-Teilchen zu bombardieren. Er bestand aus einem kubischen Gefäß, füllbar mit verschiedenen Gasen. D ist die verschiebbare α-Quelle, S der Zinksulfid-Szintillationsschirm und M das Beobachtungsmikroskop. Die beobachtete längerreichweitige Strahlung wurde als Teilchen mit Kernladung $Z = 1$ und Atommassenzahl $A = 1$ identifiziert und **Proton** getauft und bildet damit den Kern des einfachsten Atoms, des Wasserstoffs H. (Quelle: Rutherford E, Phil. Mag. **A37**, 537 (1919), © 1919 Taylor & Francis)

Entdeckung des Neutrons und etwas Kinematik

6

Schon 1919/1920 hatte Rutherford gemutmaßt, dass es ein neutrales Teilchen mit ungefähr der Masse des Protons geben könnte und damit die Unzulänglichkeiten der gerade diskutierten Ideen über die Struktur der Atomkerne behoben würden [29]. Jedoch gab es keine experimentelle Evidenz für ein solches Teilchen. W. Bothe (NP 195) und H. Becker [9] beschossen eine Anzahl von Elementen mit α's und beobachteten eine durchdringende Strahlung (also eine solche mit sehr hoher Energie) und interpretierten sie als γ-Strahlen. Besonders große Intensitäten wurden mit Be und B beobachtet. I. Curie und F. Joliot untersuchten die Absorption dieser Strahlung an Blei und maßen eine Halbwertsdicke von 4,7 cm, was für Be + α's einer γ-Energie von 15–20 MeV entsprach. In anderen Experimenten war sogar auf γ-Energien bis 55 MeV rückgeschlossen worden, wofür es bei Kernen keine plausible Erklärung gab.

6.1 Chadwicks Entdeckung des Neutrons

J. Chadwick (NP 1935) entdeckte das Neutron 1932 [12], indem er die energiereiche Strahlung aus der Reaktion $\alpha + {}_4^9\text{Be} \rightarrow {}_6^{12}\text{C} + {}_0^1\text{n}$ korrekt identifizierte, s. Abb. 6.1. Kinematische Betrachtungen (also Anwendung von Energie- und Impulshaltungssatz) ließen nur den Schluss zu, dass ein neutrales Teilchen (in der Ionisationskammer nicht direkt nachweisbar) mit fast gleicher Masse wie der des Protons seine hohe Energie im zentralen Stoß (s. Billard!) fast ganz auf die Rückstoß-Protonen und die ${}^{14}\text{N}$-Kerne des Füllgases der Kammer übertragen hatte. Für die Rückstoß-Energien ergaben sich die Messwerte von 5,7 MeV bzw. 1,6 MeV, woraus sich ein Wert der

© Springer Fachmedien Wiesbaden GmbH, ein Teil von Springer Nature 2019
H. Paetz gen. Schieck, *Atome, Kerne, Quarks – Alles begann mit Rutherford*, essentials, https://doi.org/10.1007/978-3-658-24811-6_6

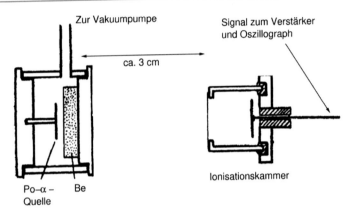

Abb. 6.1 Chadwicks Apparatur. Links die Po-Be-Neutronenquelle im Vakuum, rechts die Ionisationskammer als Protonendetektor. Durch Einschieben einer Paraffinplatte (viel Wasserstoff!) zwischen beiden erhöhte sich die Zählrate erheblich, im Gegensatz zum Einschieben einer dicken Bleiplatte, die γ's geschwächt hätte. (Quellen: Chadwick J, Nature **129**, 312 (1932) und Proc. Roy. Soc. **A 136**, 692 (1932), ©1932 Roy. Soc.)

Neutronmasse von 1,0067 u errechnete, später nach Verbesserungen ein Wert zwischen 1,005 und 1,008 u. Der heutige Bestwert ist (1,008664904 ± 0,000000014) u. Damit war auch eine Nachweismethode, die nicht auf Ionisation beruhte, für die Neutronen aufgezeigt worden.

6.2   Das Neutron und die Kernstruktur

Die unmittelbaren Schlussfolgerungen aus dieser Entdeckung waren:

- Erstmalig war die Zusammensetzung der Kerne aus Neutronen und Protonen, die Erklärung der verschiedenen Isotope eines Elements durch verschiedene Neutronenzahlen N zu einer Kernladungszahl Z, das Periodensystem der (heute 118) Elemente und die Karte der inzwischen mehrere Tausend Nuklide eindeutig erklärt.
- Das Neutron, elektrisch ungeladen, ist ein ideales Projektil in Kernreaktionen, da es nicht durch die Coulombkraft abgestoßen wird. Daraus hat sich das große Gebiet der Neutronenphysik entwickelt, das von Anwendungen in der Biologie und Festkörperphysik, der Kriminologie, Produktion medizinischer Isotope über die Kernspaltung bis zu Fragen der fundamentalen Wechselwirkungen reicht.

- Die ähnlichkeit der Eigenschaften des Protons und des Neutrons führte Werner Heisenberg (NP 1932) [19] zum Postulat neuer Symmetrien wie dem **Isospin**.
- Das freie Neutron zerfällt durch die **schwache Wechselwirkung**

$$n \rightarrow p + e^- + \bar{\nu}_e \qquad (6.1)$$

(β−**Zerfall**), erstmals gemessen 1914 durch Chadwick, mit einer mittleren Lebensdauer von (aktuell) $\tau = (881,5 \pm 1,5)]s$[1]. Die lange Lebensdauer ist ein Indiz für die Schwäche der Wechselwirkung. Die Elektronen zeigten eine kontinuierliche Energieverteilung, was auf einen Zerfall in mehr als zwei Teilchen hinweist. W. Pauli (NP 1945) postulierte 1930 ein neues neutrales Teilchen, das **Neutrino,** das aber erst 1953 durch Reines und Cowan in Form des Antineutrinos direkt nachgewiesen werden konnte. Damit öffnete sich ein erster Blick in eine Welt bisher unbekannter Teilchen (und Antiteilchen), die wegen ihrer Fülle auch **Teilchenzoo** genannt wird.

---

[1]Hier besteht noch eine Diskrepanz zwischen zwei Datensätzen, die mit verschiedenen Methoden gewonnen wurden und die auf „neue Physik" hinweisen könnte.

Ausdehnung und Ladungsverteilung der Kerne

7

Für Rutherford musste die Ausdehnung des Atomkerns verträglich mit einem Punkt sein. Schon anschaulich-klassisch konnte man mehr nur erfahren, wenn man mit höherenergetischen Projektilen näher an den Kern „herankam", also erst nach der Erfindung von Beschleunigern. Solche Experimente, auch mit α-Teilchen, wurden gemacht [35] und zeigten bereits die Ausdehnung und die Radien der Kerne. Sie hatten aber das Problem, dass die Projektile selbst ausgedehnt sind und daher Kerne nicht „fein" abtasten können. Auch verkomplizierte die noch unbekannte starke Wechselwirkung zwischen ihnen die Interpretation der Messungen. Daher wurden mit punktförmigen Projektilen – die zudem nicht der starken WW unterliegen – Streuexperimente mit Elektronen (später auch mit anderen Leptonen) durchgeführt.

Zur Beschreibung der Elektronenstreuung muss man mit einem modifizierten Coulombpotenzial relativistisch rechnen, und um die endliche Ausdehnung darzustellen, muss man über die Verteilungen von Ladung und magnetischem Moment in Kernen (Nukleonen) integrieren, woraus sich i. w. eine Rutherford-ähnliche Formel, aber mit **Formfaktoren** ergibt. Der so formulierte WQ besteht aus zwei Faktoren, einem Punktquerschnitt (Mott-WQ) und dem Quadrat von Formfaktoren, was einer Trennung der WW von der Struktur des Targets entspricht.

$$\frac{d\sigma}{d\Omega} = \left(\frac{d\sigma}{d\Omega}\right)_{\text{Punktkern}} \cdot \left|F(\vec{K}^2)\right|^2 . \tag{7.1}$$

Für rotationssymmetrische Probleme ist der Formfaktor einfach das Fourier-Integral über die Verteilungen, die sich aus den Messdaten durch Fourier-Inversion zurückgewinnen lassen. K ist der Impulsübertrag, s. u.

$$F(K) = \int \rho(r) \exp(i\vec{K}\vec{r}) 2\pi r^2 dr \sin\theta d\theta . \tag{7.2}$$

© Springer Fachmedien Wiesbaden GmbH, ein Teil von Springer Nature 2019
H. Paetz gen. Schieck, *Atome, Kerne, Quarks – Alles begann mit Rutherford*, essentials, https://doi.org/10.1007/978-3-658-24811-6_7

Substituiert man $u = iKr\cos\theta$ und $du = -iKr\sin\theta d\theta$, erhält man

$$F(K) = 2\pi \int \rho(r)e^u r^2 dr \frac{du}{-iKr}$$

$$= \int \rho(r)4\pi r^2 dr \cdot \underbrace{\left(\frac{\sin(Kr)}{Kr}\right)}_{\text{rein reell}}. \tag{7.3}$$

Experimentell gewinnt man den Formfaktor als das Verhältnis

$$\left(\frac{d\sigma}{d\Omega}\right)_{\text{experimentell}} \Big/ \left(\frac{d\sigma}{d\Omega}\right)_{\text{Punkt, theoretisch}}. \tag{7.4}$$

Für Ladungs- bzw. Massenverteilungen wie bei Kernen mit wohldefiniertem Rand ist die Definition und Bestimmung des Kernradius unproblematisch, z. B. als **Halbwertsradius** der Verteilung. Bei Objekten ohne wohldefiniertem Rand wie dem Proton oder Neutron wählt man die Definition rms-Radius, d. i. die Wurzel aus dem quadratischen Mittelwert über die Dichteverteilung.

7.1 Elastische Elektronenstreuung – Hofstadters Experimente

Alle Leptonen, darunter die Elektronen (und ihre Antiteilchen), sind nach unserem heutigen Wissen punktförmig und daher ideale Streuteilchen. Sie „sehen" nur die elektromagnetische und die schwache Struktur der Targetkerne. Die Beschreibung ihrer Streuung muss aber relativistisch sein, d. h. statt des quantenmechanischen Punkt-Coulomb-Ansatzes von Rutherford muss man die entsprechende relativistische, d. h. die **Dirac**-Theorie verwenden (P.A.M. Dirac 1927, NP 1933), die auch zwanglos den Spin des Elektrons sowie die Möglichkeit von Antiteilchen vorhersagt. Die resultierende Gleichung für den WQ hat eine ähnliche Struktur wie die Rutherfordformel, aber ergänzt durch einen magnetischen Term. Die Auswertung und der Vergleich mit dem Experiment liefern die Dichteverteilungen von Kernen, aber auch Nukleonen, ohne die Dichteverteilung des Projektils herausrechnen zu müssen. Zum weiteren Verständnis muss hier die Größe **Impulstransfer** definiert werden. Da man sich die Wechselwirkung von Projektil und Target als Austausch von (virtuellen) Photonen der Wellenlänge

$$\lambda_{\text{de Broglie}} = \frac{\hbar}{\hbar K} = 1/K. \tag{7.5}$$

vorstellt, durch die auch Impuls übertragen wird, lässt sich der Impulstransfer auch schreiben

$$\hbar K = 2(h\nu/c)\sin(\theta/2) \tag{7.6}$$

Man sieht, dass diese Größe den Streuwinkel und die Energie $E = h\nu$ enthält.
Hofstadters et al. (NP 1961) Streuexperimente mit Elektronen mittlerer Energien in Stanford waren Schlüsselexperimente zur Ausdehnung der Kerne und Nukleonen, ihrer Ladungs-, magnetischen Moment- und Massenverteilungen, ihrer Radius-Systematik, Randdicken, Reichweite der Kernkräfte etc. Später (mit höheren Energien, bzw. höherem Impulsübertrag) führten sie zur experimentellen Verifikation punktförmiger Strukturen (**Partonen**) innerhalb jedes Nukleons, den zunächst hypothetischen **Quarks** und all deren Eigenschaften. Die Methoden bestanden in der Nutzung von Linearbeschleunigern, angefangen mit Marc III mit 1 GeV bis zum 3,2 km langen SLAC-Beschleuniger mit 20 GeV und sehr großen Magnetspektrometern zur Messung von Energien und Winkelverteilungen der Elektronen. Abb. 7.1 gibt einen Eindruck von der Größe der Spektrometer (Regel: je kleiner die zu studierenden Objekte, desto größer die Apparate).

Prinzipiell unterscheidet man in der Leptonenstreuung drei Bereiche des Impulstransfers:

- *Elastische Streuung* bei kleinem Impulstransfer erlaubt das Abtasten der **Kernform und des Kernradius.** Die Abb. 7.2 zeigt die Ergebnisse einer frühen Messung der Dichteverteilungen vieler Kerne [20, 21]. Ein einfacher Modellansatz für die Ladungsdichteverteilung in Kernen, der damit eine Definition des Kernradius liefert, ist die Fermi-Verteilung

$$\rho_c(r) = \frac{\rho_0}{1 + e^{\frac{r - r_{1/2}}{a}}}. \tag{7.7}$$

Die Randdicke $t = 4\ln 3 \cdot a$ ist definiert als der 10 bis 90 %-Dickenbereich um $r_{1/2}$. Aus dieser Parametrisierung ergeben sich die elektromagnetische Radiuskonstante $r_{1/2} = 1,07$ fm bzw. ein Radiusparameter $R_0 = 1,24$ fm, ein Randdickenparameter $a = 0,545$ fm und eine zentrale Dichte von $\rho_N = 0,17$ Nukleonen/fm^3 oder $1,4 \cdot 10^{14}$ g/cm^3 für Kerne mit $A > 30$.
Für kompliziertere Verteilungen in Kernen und v. a. **Nukleonen** definiert man allgemeiner den Kern- (bzw. Nukleonen-)rms-Radius

Abb. 7.1 End Station A in Stanford, wo J. Friedman, H. Kendall und R.E. Taylor (NP 1990) et al. um 1966 die Experimente durchführten, bei denen die Quarks nachgewiesen wurden. (Quelle und ©: SLAC National Accelerator Laboratory, Stanford)

$$r_{rms} = \langle r^2 \rangle^{1/2} = \left(\frac{1}{Ze} \int_0^\infty r^2 \rho_C(r) 4\pi r^2 dr \right)^{1/2}. \tag{7.8}$$

Um zu entscheiden, welche Dichteverteilung und welcher rms-Radius den Nukleonen zukommt, wurden Ergebnisse von Elektronenstreuexperimenten mit zwei Annahmen über die Dichteverteilung verglichen: Punktform und exponentielle Dichte. Der Punkt-WQ $(d\sigma/d\Omega)_{Punkt}$ ist ein verallgemeinerter Rutherford-WQ, der sich mit den Methoden der **Quantenelektrodynamik** (R. Feynman u. a., NP 1965) berechnen lässt. Mit einigen Vereinfachungen ist dies der **Mott**-WQ

$$\left(\frac{d\sigma}{d\Omega} \right)_{\text{Mott}} = \frac{\left[2e^2(E'c^2) \right]^2}{q^4} \cdot \frac{E'}{E} \cos^2 \frac{\theta}{2}. \tag{7.9}$$

Die Symbole bedeuten: q = Viererimpulsübertrag, E' und E die Energien der ein- und auslaufenden Elektronen. Beim ausgedehnten Nukleon modifizieren elektrischer und magnetischer Formfaktor den Streuquerschnitt.

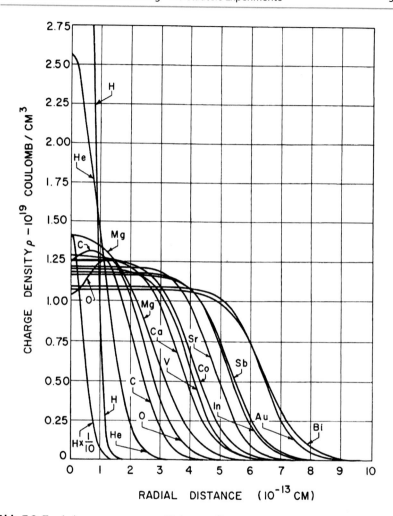

Abb. 7.2 Ergebnisse aus gemessenen Elektronen-Streuquerschnitten: Ladungsdichteverteilungen von ausgedehnten Kernen über das Periodensystem. Die verwendete WQ-Formel ist die vereinfachte Mott-WQ-Formel Gl. 7.9, ergänzt um einen Formfaktor-Term. Verschiedene Modellansätze wurden verwendet. (Quellen: Hofstadter R, Ann. Rev. Nucl. Sci. **7**, 231 (1957) und Hofstadter R, *Nobel Lecture* (1961), © „Annual Reviews, Inc")

Abb. 7.3 zeigt den differenziellen WQ der elastischen Streuung am Proton mit angepassten elektrischen und magnetischen Formfaktoren eines exponentiellen Modells der Ladungsdichteverteilungen [13] für eine angenommene Punkt- bzw. ausgedehnte Struktur. Diese Ergebnisse der Elektronenstreuung am Proton

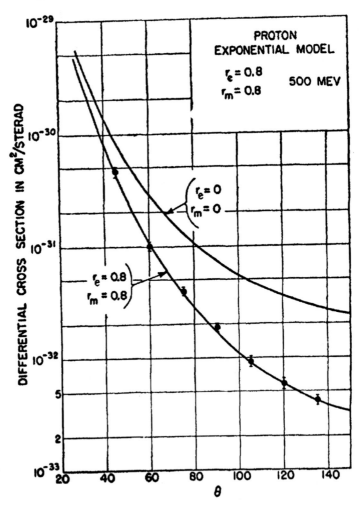

Abb. 7.3 Differenzieller WQ der elastischen Streuung von 500 MeV-Elektronen am Proton, mit einem angepassten exponentiellen Formfaktor. (Quelle: Chambers EE, Hofstadter R, Phys. Rev. **103**, 1454 (1956), ©1956 American Physical Society).

zeigen, dass das Proton – im Unterschied zu schwereren Kernen – keine scharfe Oberfläche, keinen Kernrand hat. Seine Dichteverteilung kann daher sehr gut mit einer Exponentialfunktion mit einem rms-Radius von

$$r_{rms} \approx 0,888\,\text{fm} \tag{7.10}$$

beschrieben werden.

Der Ladungsradius des Neutrons ist $(-0,1161 \pm 0,0022)\,\text{fm}$ [15], was bei der Gesamtladung 0 bedeutet, dass im Inneren positive und negative Ladungen unterschiedlich verteilt sind, bereits ein Hinweis auf die komplizierte innere Struktur der Nukleonen, die damit nicht elementar sein können. Das Quarkmodell (das SM) erklärt dies durch den Aufbau aus drei Konstituentenquarks, virtuelle Quark-Antiquark-Paare („Seequarks") und Gluonen für Baryonen und Quark-Antiquark-Paaren für Mesonen.

Neben den (Rutherford-)Streumethoden wurden gleichwertige Alternativen entwickelt, die darauf beruhen, dass die Energieniveaus der Atomhülle von Abweichungen von der Punkt-Coulombstruktur des ausgedehnten Kerns beeinflusst werden. Moderne Methoden der Laser-Spektroskopie sind so empfindlich, dass sie Ergebnisse mit ähnlicher Genauigkeit wie die Streumethoden erbringen. Dabei kann man „normale" Atome untersuchen, aber auch solche, bei denen ein Elektron durch ein schwereres Lepton, das **negative Myon**, ersetzt wird. Dies hat den Vorteil, dass wegen der um den Faktor von ca. 210,5 größeren Masse die Dichteverteilungen der Myonen viel näher am Kern liegt, diesen sogar teilweise überlappt, was zu einer Verstärkung der WW bzw. deren Abweichungen vom Punktpotenzial führt. Am genauesten wurde das Wasserstoffatom untersucht. Für den 1S-Grundzustand des H-Atoms ergibt sich theoretisch eine Modifikation des Coulombpotenzials

$$\Delta E_C \approx -\frac{2}{5} \cdot \frac{Z^4}{4\pi\epsilon_0} \cdot e^2 \cdot \frac{R^2}{a_0^3}, \tag{7.11}$$

also eine starke Abhängigkeit von a_0, dem Bohrschen Radius, d. i. des mittleren Abstands der innersten Elektronen bzw. Myonen, also für letztere ein Faktor von ca. $210,5^3$. Die Energien atomarer Übergänge, die man spektroskopiert, werden vom optischen Bereich in den Wellenlängenbereich der Röntgenstrahlen verschoben ($E = hc/\lambda$). Natürlich ändern sich dadurch die Messmethoden. Bis vor kurzem stimmten die Ergebnisse aus Streuungen und alternativen Methoden im Rahmen der Fehlerbalken überein. Mit den neuesten Messungen an myonischen Atomen stellte sich aber eine zunächst nicht behebbare und sehr verstörende Diskrepanz heraus, die sogar zum Nachdenken über „neue Physik" Anlass gibt.

Kernradien aus Messungen an myonischen Atomen sind oft genauer als aus der Elektronenstreuung, bilden aber andere Bereiche der Dichteverteilungen ab und sind zu diesen komplementär. Daher kombiniert man die Ergebnisse [31], s. Abb. 7.4. Das Bild zeigt im Vergleich mit theoretischen Modellrechnungen deutlich mehr Struktur als mit den vereinfachten Modellannahmen wie in Abb. 7.2. Die wichtigsten Ergebnisse dieser Untersuchungen sind:

- Die zentrale Dichte ist – zumindest für schwerere Kerne – etwa konstant.
- Die Radien **sphärischer Kerne** folgen i. a. einem einfachen Gesetz $r = R_0 A^{\frac{1}{3}}$ mit einem Radiusparameter $R_0 = 1,24$ fm.
- Es gibt deformierte Kerne, für die die Systematik nicht so einfach gilt.
- Für eine Reihe von leichten Kernen an den Rändern des Stabilitätstals wurden Radien gefunden, die signifikant größer sind, als dieser Systematik entspricht, die **Halo-Kerne,** was man durch nur schwach gebundene Nukleonen erklärt.

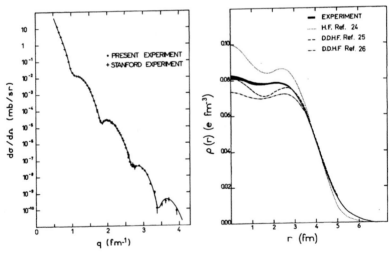

Abb. 7.4 WQ der elastischen Elektronenstreuung an ^{58}Ni und resultierende Ladungsdichteverteilung, kombiniert aus Elektronenstreuung und Daten myonischer Atome. (Quelle: Sick I, Bellicard JB, Bernheim M, Frois B, Huet M, Leconte Ph, Mougey J, Xuan-Ho P, Royer D, Turck S, Phys. Rev. Lett. **35**, 910 (1975), ©1975 American Physical Society)

- Die Randdicke aller Kerne ist nahezu konstant mit einem 10–90 %-Wert von $t = 2,31\,\text{fm}$ entsprechend $a = t/4 \ln 3 = 0,53\,\text{fm}$, was sich durch die von der Massenzahl A unabhängige Reichweite der Kernkraft erklärt.
- Nukleonen (Proton und Neutron) haben keine Oberfläche, sondern exponentiell abfallende Dichten. Für das Proton ist der akzeptierte Wert heute $0,88768(69)\,\text{fm}$ (CODATA), der aber signifikant von neueren Werten aus myonischen Atomen abweicht – eine bisher nicht gelöste Diskrepanz. Die folgende Abb. 7.5 zeigt das Proton-Radius-Puzzle mit zwei distinkten Gruppen von experimentellen bzw. theoretischen Ergebnissen.

- (Schwach) *inelastische (auch „quasi-elastische")Streuung* mit höherem Impulstransfer führt zu Anregungszuständen der Hadronen, z. B. der Delta- or Roper-Resonanzen der Nukleonen, die sich dadurch identifizieren lassen, dass sie bei

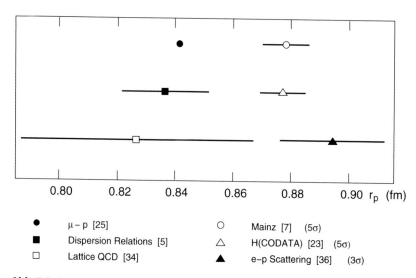

Abb. 7.5 Ungelöste Diskrepanzen zwischen verschiedenen Bestimmungen des Protonenradius. Der akzeptierte CODATA-10-Wert ist $r_{\text{rms}}(p) = 0,8775(51)\,\text{fm}$ (Quelle: CODATA-10, Mohr PJ, Taylor BN, Newell DB, Rev. Mod. Phys. **84**, 1527 (2012)), der neue aus myonischen-Atom-Daten $r_{\text{rms}}(p) = 0,84184(67)\,\text{fm}$ (Quelle: Pohl R, Nature **466**, 213 (2010)), mit einer modellunabhängigen Analyse $r_{\text{rms}}(p) = 0,8412(15)\,\text{fm}$ (Quelle: Peset C, Pineda A, Eur. Phys. J. A **51**, 32 (2015)). Weitere Bestimmungen: aus Dispersionsrelationen (Quelle: Belushkin MA et al., Phys. Rev. C **75**, 035202 (2007)), Gitter-QCD-Rechnungen (Quelle: Wang P et al., Phys. Rev. D **79**, 094001 (2009)), eine neuere Messung aus Mainz (Quellen: Bernauer JC et al., arXiv nucl-ex, 10075076 (2010) und Phys. Rev. Lett. **105**, 242001 (2010)) und für Elektronenstreuung (Quelle: Sick I, Phys. Lett. 576**B**, 62 (2003), Darstellung des Autors)

ähnlichen, aber deutlich kleineren WQen ganz ähnliche Kernformen und -radien haben wie die Nukleonen im Grundzustand [4]. Die folgende Abb. 7.6 zeigt eine solche Messung.

- *Tief-inelastische Streuung* bei hohem Impulstransfer ist die geeignete Methode, **Partonen** (Feynman) als Bausteine innerhalb der Hadronen (speziell der Nukleonen) zu „sehen". Auf diese Art wurden dort – ganz im Rutherfordschen Sinne – punktförmige Objekte, eben die Quarks und deren Eigenschaften identifiziert. Deren Punktcharakter zeigt sich im nahezu konstanten Verhalten des Formfaktors (in der Teilchenphysik: der **Strukturfunktion**) mit dem Impulstransfer (**Bjorken scaling**). Nach einem Exkurs über den Teilchenzoo im Kap. 8 und das Standardmodell wird im Abschn. 9.2 der Nachweis der Quarks beschrieben.

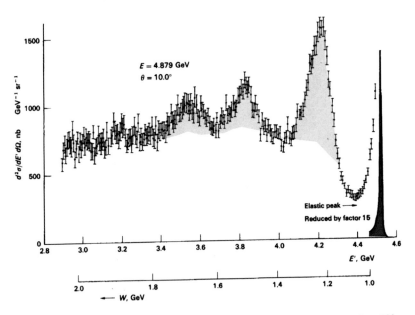

Abb. 7.6 Inelastisches Elektronenspektrum der Streuung mit 4,879 GeV unter $\theta = 10°$ an Protonen. Von rechts: der 15fach reduzierte elastische Peak, dann Pion-Nukleon-Resonanzen, erst die Δ Resonanz, dann weitere. (Quelle: Bartel W, Dudelzak B, Krehbiel H, McElroy J, Meyer-Berkhout U, Schmidt W, Walther V, Weber G, Phys. Lett. **28B**, 148 (1968), ©1968 Elsevier)

Der Teilchenzoo

8

Die Entdeckung von Elektron, Proton und Neutron markiert den Beginn unseres Verständnisses des Atombaus und der Struktur der Kerne. Sie sind die Bausteine unserer Alltagswelt. Die Beobachtung der kosmischen Strahlung und Experimente an höherenergetischen Beschleunigern öffneten ein ganze Welt neuer Teilchen und Phänomene: Antiteilchen wie das Positron und das Antiproton, Neutrinos, Hyperonen, Baryonen und Mesonen und deren angeregte kurzlebige Zustände (**Resonanzen**) bildeten bald einen „Zoo" von Teilchen, die man zwar nach ihren Massen oder Wechselwirkungen ordnen konnte, für die aber ein tieferes Ordnungsprinzip fehlte. Gerade wegen der Fülle und Vielfalt der Teilchen kann hier nicht näher auf den „Zoo" eingegangen werden – seine „Bewohner" werden immer noch ergänzt und erforscht. Ein Beispiel sowohl für die Methoden als auch die typische Erscheinungsvielfalt soll die Abb. 8.1 geben [8]. Sie zeigt die CERN-Blasenkammer BEBC von 1974 zusammen mit einer Blasenkammer-Aufnahme eines Neutrino-Ereignisses von 1979 (Neutrinos, ganz früher auch „Geisterteilchen" genannt wegen ihrer super-geringen Interaktion mit Materie, dienten hier bereits als Projektile für Leptonen-Streu- bzw. Reaktionsexperimente).

© Springer Fachmedien Wiesbaden GmbH, ein Teil von Springer Nature 2019
H. Paetz gen. Schieck, *Atome, Kerne, Quarks – Alles begann mit Rutherford*, essentials, https://doi.org/10.1007/978-3-658-24811-6_8

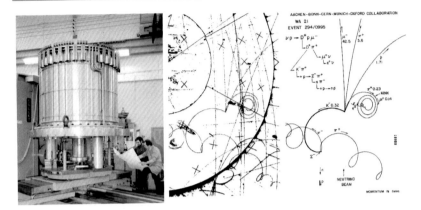

Abb. 8.1 Links: (3,7 m) große Europäische Blasenkammer im CERN mit einem Magnetfeld von 3,5 T zur Bestimmung von Ladung und Impuls geladener Teilchen. (Quelle und © 1974 CERN). Rechts: Neutrino-Ereignis: ein Neutrino, erzeugt durch einen 350 GeV Protonenstrahl aus dem SPS-Beschleuniger (von unten), reagiert mit flüssigem Wasserstoff und startet eine Kette von Ereignissen, darunter die Erzeugung eines **charmed** D-Mesons und danach eines **strange** K^--Mesons. (Quelle: Blietschau J et al., Phys. Lett. **86B**, 108 (1979), © 1979 Elsevier)

Die Quarks

9

9.1 Das Modell

Ein solches Ordnungsschema wurde erst geschaffen durch das Postulat und dann die Entdeckung der sechs **elementaren** Bausteine der Hadronen, der **Quarks.** Zusammen mit den ebenfalls sechs elementaren Leptonen bilden sie (und ihre jeweiligen **Antiteilchen**) die Basis für das heute gültige Standardmodell (SM). Alle diese Teilchen sind **Fermionen,** d. h. sie haben halbzahlige Spins. Abb. 9.1 zeigt alle fundamentalen Baustein-Teilchen, qualitativ ihre Massen und Wechselwirkungen sowie angedeutet die Austausch-Bosonen, die die Kräfte vermitteln, und allen unterlegt das Higgs-Teilchen, das den meisten anderen Teilchen Masse gibt. Die Darstellung ist insofern unrealistisch, als die Elementarteilchen keine messbare Ausdehnung haben. Bei sehr hohen Energien nähern sich die Stärken der Wechselwirkungen an.

Bei der Frage, was die drei Quarks in den Hadronen zusammenhält, fand man Teilchen mit ganzzahligen Spins **(Bosonen),** die durch ihren **Austausch** diese Bindung herstellen, daher der Name **Gluonen.** Diese Austauschkräfte wachsen mit dem Abstand, was eine dynamische Erklärung dafür liefert, dass man freie Quarks nicht beobachtet. Andere ungewöhnliche Eigenschaften der Quarks sind ihre Ladungen: $\pm 1/3$ bzw. $\pm 2/3$ von **e,** der Elementarladung (die Elektron und Proton besitzen). Zur Rettung des Pauli-Prinzips musste man den Quarks eine neue Eigenschaft zuordnen, die **Farbladung** und verlangen, dass die drei Quarks in den Nukleonen verschiedene „Farben" haben. Diese, ebenso wenig wie Charm etc., haben mit unserem Farbbegriff nichts zu tun, sondern sind Bezeichnungen z. B. dafür, dass Hadronen durch „Farbmischung" dreier farbverschiedener Quarks oder Quark-Antiquark-Kombinationen (Mesonen) „weiß", also farbneutral sein müssen.

© Springer Fachmedien Wiesbaden GmbH, ein Teil von Springer Nature 2019   39
H. Paetz gen. Schieck, *Atome, Kerne, Quarks – Alles begann*
mit Rutherford, essentials, https://doi.org/10.1007/978-3-658-24811-6_9

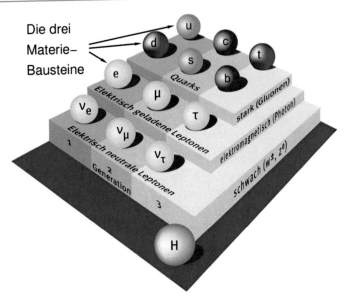

Abb. 9.1 Die fundamentalen Teilchen des Standardmodells und ihre Wechselwirkungen. Besonders bezeichnet sind die drei Bausteine der Materie, die die Atome bzw. Kerne bilden. Alle anderen Bausteine sind nur im Kosmos bzw. mit Beschleunigern erzeugbar und zu kurzlebig, um auch Materie zu bilden. Nach ihrer Stärke geordnet sind die drei fundamentalen Wechselwirkungen und die zugehörigen Austausch-Bosonen sowie das Higgs-Boson. (Quelle und © Netzwerk Teilchenwelt)

Das Quarkmodell wurde konzipiert, bevor es wirkliche Evidenz für die Quarks gab. Im folgenden Kapitel wird diese beschrieben – es handelt sich wieder um Rutherford-ähnliche Streuexperimente.

9.2   Der Nachweis der Partonen in Hadronen – tief-inelastische Elektronenstreuung

Die Elektronenstreuung an Kernen (z. B. Protonen) mit kleinem bis mittlerem Impulsübertrag (entsprechend großer Wellenlänge der Strahlung) kann zwar den Kern als Ganzes abbilden, aber keine kleineren Substrukturen im Inneren wie die Quarks. Das Schlüsselexperiment zum Nachweis der Partonen (Quarks!) in Nukleonen wurde von Breidenbach, J. Friedman, H. Kendall, R.E. Taylor et al. (NP 1990) [10, 33] um 1966 durchgeführt. Abb. 9.2 zeigt den doppelt-differenziellen

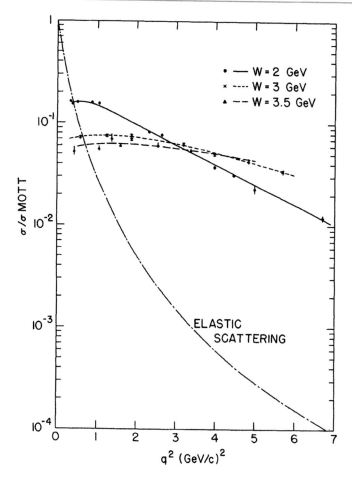

Abb. 9.2 Doppelt-differenzieller WQ der tief-inelastischen und elastischen Streuung von 500 MeV-Elektronen als Funktion von q^2, dem Quadrat des Impulsübertrags. Die ganz verschiedene q^2-Abhängigkeit der beiden WQe ist das auffälligste Merkmal. Aufgetragen ist jeweils das Verhältnis zum theoretischen Punkt-(Mott-)WQ. (Quelle: Breidenbach M, Friedman JI, Kendall HW, Bloom ED, Coward DH, DeStaebler H, Drees J, Mo LW, Taylor RE, Phys. Rev. Lett. **23**, 935 (1969), © 1969 American Physical Society)

tief-inelastischen WQ und den differenziellen elastischen WQ als Funktionen von q^2. Das Experiment mit hohem Impulsübertrag zeigt klare Evidenz für Partonen im Nukleoninneren, die alle Eigenschaften zeigten, die 1964 von M. Gell-Mann (NP

1969) und G. Zweig vorhergesagt wurden (die Benennung Quarks geht auf „Finnegan's Wake" des Schriftstellers James Joyce zurück [17, 36]). Sie erkannten, dass alle bekannten Hadronen in ein Schema passten, das sie den „achtfachen Weg" [18] nannten, wofür nur drei solcher Teilchen ausreichten, die im Nukleon aus dem u-(für „up") und d-Quark (für „down") bestehen, die die ungewöhnliche Eigenschaft wie Drittelladungen und die Eigenschaft der „Farbladung" hatten. Auch die Mesonen wie das Pion passten als Quark-Antiquark-Kombinationen ins Schema, und weitere Teilchen des Zoos verlangten nach weiteren Quarks wie dem s-Quark (für „strange" = seltsam), dem c-Quark (für „charm"), dem b-Quark (für „bottom") und dem schwersten, dem t-Quark (für „top"). Die Bindung der Quarks z. B. in den Hadronen geschieht durch den Austausch von Gluonen, die 1976 in Elektron-Positron-Stößen am PETRA-Beschleuniger am DESY/Hamburg entdeckt wurden.

Das „scaling"-Verhalten zeigt wie im klassischen Rutherford-Streuexperiment, dass diese Konstituenten punktförmig und daher wirklich elementar (nach unserem heutigen Wissen) sind. Weitere Hinweise auf Gluonen in Nukleonen ergaben sich auch durch tief-inelastische Streuung anderer Leptonen wie Neutrinos am CERN [1] und Myonen [3, 6]. Eine nur partiell gelöste Frage ist, wie sich der gequantelte Spin des Nukleons von $\frac{1}{2}\hbar$ aus Drehimpulsen und Spins der Konstituentenquarks und Bahndrehimpuls der Gluonen zusammensetzt. Außerdem gibt es Evidenz dafür, dass in den Nukleonen „virtuelle" Quark-Antiquark-Paare existieren (so das $s - \bar{s}$-System), die **Seequarks**, also solche, die nur so kurz leben, dass sie nicht gegen die Heisenbergsche Unschärferelation verstoßen. Die Nukleonen muss man sich daher als sehr komplexe Gebilde mit „reicher" innerer Struktur vorstellen – also keineswegs als elementar –, wie schon einfachere Messungen (z. B. der Ladungsverteilungen im Inneren des neutralen Neutrons) vorher vermuten ließen. Abb. 9.3 zeigt eine vereinfachte „Momentaufnahme" der Struktur des Protons. Die Abb. 9.4 versucht deutlich zu machen, wie man sich die Kräfte durch Austausch von Bosonen vorstellt, welche unterschiedlichen Reichweiten diese Kräfte haben und welchen enormen Bereich von Stärken diese WWen umfassen. Drei dieser WWen sind in der Kernphysik zugänglich.

Abb. 9.3 Struktur des Protons mit Quarks in drei Farben, Gluonen als Austauschteilchen und ohne Seequarks. Die virtuellen Mesonenwolken am Nukleonrand sind für die Nukleon-Nukleon-Kräfte (die Kernkräfte) verantwortlich. Der „Bag" steht mehr symbolisch für das Eingeschlossensein der Quarks – freie Quarks wurden nie beobachtet – im Einklang mit dem SM. (Quelle: Darstellung des Autors)

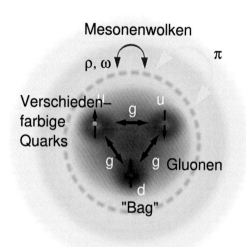

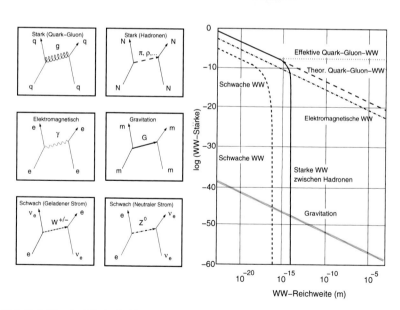

Abb. 9.4 Die vier Wechselwirkungen als Austausch von Bosonen (links, schematisch) und nach ihrer Stärke als Funktion ihres Abstandsverhaltens (rechts). (Quelle: Darstellung des Autors)

Beschleuniger als „Engines of Discovery" 10

Genau genommen waren die Kanal- und Kathodenstrahlröhren wie auch die Röntgenröhre Urformen von Beschleunigern. Gegen 1928 hatte Wideröe nach einer Idee von Ising den Hochfrequenz-Linearbeschleuniger entwickelt und später mit einer Urform des Elektronen-Ringbeschleunigers, dem **Betatron** experimentiert. Jedoch erst 1932 waren es Cockroft und Walton (NP 1951), die als Erste einen Strahl von positiven Ionen in einem Vakuumrohr und mit einer hohen Gleichspannung genügend beschleunigen konnten, um damit eine erste Kernreaktion mit höherer Energie als der der Teilchen aus dem radioaktiven Zerfall zu initiieren. Sie konnten so für eine Reihe von Kernen die WQe von (p, α)-Reaktionen messen. Dieser Erfolg führte zu einer erstaunlich schnellen Entwicklung verschiedener Beschleunigertypen

- Der Van-de-Graaff-Beschleuniger (Van de Graaff 1932)
- Das Zyklotron (E.O. Lawrence 1932, NP 1939)
- Verschiedene Formen des Linearbeschleunigers (LINAC)
- Das Synchrotron, gipfelnd in dem Beschleuniger mit der höchsten Energie, dem *Large Hadron Collider LHC* mit 14 TeV

Ohne hier auf die vielen interessanten technischen Details und die häufig unterschätzten Leistungen der Beschleunigerpioniere eingehen zu können, soll nur die zeitliche Entwicklung der Beschleuniger grafisch dargestellt werden. Der *Livingstonplot* [22] in Abb. 10.1 dokumentiert diese Entwicklung. Als weitergehende Lektüre empfehlen sich [2] und [45]. Gerade ersteres Buch stellt die Kern- und Teilchenphysik anhand der Beschleunigerentwicklungen in größere (z. B. medizinische) und auch persönliche Zusammenhänge.

© Springer Fachmedien Wiesbaden GmbH, ein Teil von Springer Nature 2019
H. Paetz gen. Schieck, *Atome, Kerne, Quarks – Alles begann mit Rutherford*, essentials, https://doi.org/10.1007/978-3-658-24811-6_10

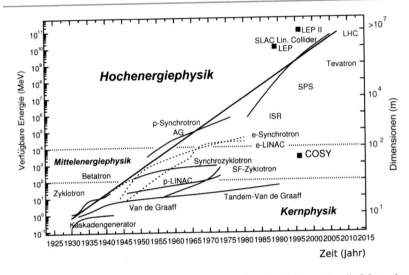

Abb. 10.1 „Livingston plot": Der Plot der Beschleuniger-Entwicklung über die Jahre zeigt eine Verdopplung der „verfügbaren" Energie etwa alle sieben Jahre. Eingezeichnet sind die Energiebereiche der (Niederenergie-)Kernphysik, der Mittelenergie-(auch: Hadronen-) Physik, in dem der Überlapp der Wechselwirkung von Quarks und Kernen studiert wird, und der Hochenergie-(oder Teilchen-)Physik, in dem alle Aspekte des *Standard-Modells SM* und mögliche über das SM hinausgehende Phänomene („Neue Physik") untersucht werden. Links aufgetragen ist die für Reaktionen **verfügbare Relativenergie,** die bei hohen Energien und ortsfesten Targets nur noch mit der Wurzel aus der Beschleunigerenergie wächst und nur in **Collidern** ganz zur Verfügung steht. Rechts einige typische Dimensionen der Beschleuniger- systeme. (Quelle: Darstellung des Autors)

Zusammenfassung

Wir haben gesehen, wie mit Rutherfords Methoden die nach ihrer Ausdehnung hierarchisch geordneten Strukturen unserer Welt, die Atome, die Kerne und deren fundamentale Substrukturen erforscht wurden. Dabei trifft man auf zwei Welten. Die eine ist die Welt der **Bausteine (Fermionen),** aus denen alle Teilchen des „Zoos"aufgebaut sind. Die andere ist die Welt der **Wechselwirkungen (Bosonen),** von denen drei der Kern- und Teilchenphysik zugänglich sind. Eine gemeinsame Basis aller Teilchen ist das **Higgs-Boson,** das erst vor kurzem entdeckt wurde und das allen schweren Teilchen ihre Masse verleiht („Higgs-Mechanismus"). Ohne den Higgs-Mechanismus sagen die Theorien nur masselose Teilchen voraus. Alle diese fundamentalen Bausteine sind kleiner, als selbst mit den größten Beschleunigern aufgelöst werden kann, also $< 10^{-18}$ m, d. h. für uns erscheinen sie **punktförmig.** Das Standardmodell beschreibt diese Welt, ist aber unvollständig.

© Springer Fachmedien Wiesbaden GmbH, ein Teil von Springer Nature 2019
H. Paetz gen. Schieck, *Atome, Kerne, Quarks – Alles begann mit Rutherford*, essentials, https://doi.org/10.1007/978-3-658-24811-6_11

Was Sie aus diesem *essential* mitnehmen können

- Wie fundamental sich seit 100 Jahren unser physikalisches Weltbild gewandelt hat.
- Wie aus eher philosophischen Vorstellungen sich konkretes Wissen über die Bausteine unserer Welt, deren Größe und hierarchische Ordnung entwickelt hat und darüber, welche fundamentalen Kräfte zwischen ihnen wirken.
- Wie in der Anfangszeit der Kernphysik einzelne Forscherpersönlichkeiten fundamentale Erkenntnisse gewannen – heute braucht es oft riesige Teams.
- Wie technische Entwicklungen (z. B. der Detektoren und Beschleuniger) sowohl die Grundlagenforschung als auch deren bedeutsame Anwendungen z. B. in der Medizin vorangebracht haben.
- Wissenschaft beansprucht kein vollständiges Wissen, sondern muss bereit sein, sich zu korrigieren, wenn neue Erkenntnisse auftauchen. Das Experiment (oder auch genaue Beobachtung wie in der Astrophysik) entscheiden letztlich über die – vielleicht vorläufige – Richtigkeit einer Vorstellung durch die Schaffung von Fakten. „Alternative Fakten" gibt es nicht.

© Springer Fachmedien Wiesbaden GmbH, ein Teil von Springer Nature 2019
H. Paetz gen. Schieck, *Atome, Kerne, Quarks – Alles begann mit Rutherford*, essentials, https://doi.org/10.1007/978-3-658-24811-6

Glossar

Atome	Bausteine der Elemente, charakterisiert durch die Kernladungszahl Z; bisher bis Z = 118.
Bosonen	Teilchen mit ganzzahligen Spins, Vermittler der Austausch-WW-Kräfte.
CERN	Europäisches Kernforschungszentrum, Genf.
Fermionen	Teilchen mit halbzahligen Spins, u. a. Bausteine der Materie.
Gluonen	Vermittler der starken WW, binden Quarks aneinander.
Hadronen	Stark, aber auch schwach, ggf. auch elektromagnetisch wechselwirkende Teilchen.
Leptonen	nur schwach, ggf. elektromagnetisch wechselwirkende Teilchen.
Neue Physik	Phänomene, die vom SM nicht erklärt werden.
Nukleonen	Kernbausteine Proton und Neutron, mit Konstituenten u- und d-Quarks sowie virtuellen $s - \bar{s}$ – Seequarks und Gluonen.
Nuklide	Alle Kerne, die sich in Protonenzahl Z und Neutronenzahl N unterscheiden, insgesamt >2700.
Nuklidkarte	Grafische Darstellung alle Nuklide, i. a. als Z über N aufgetragen.
Periodensystem	Diagramm aller chemischen Elemente, geordnet nach Z in Gruppen ähnlicher chemischer Eigenschaften.
Photonen (γ)	Lichtquanten und virtuell Vermittler der elektromagnetischen WW, binden z. B. Elektronen an Protonen in Atomen.
Spin	Eigendrehimpuls der Teilchen und Kerne, gequantelt.
Standardmodell	Modell aus 6 Quarks, 6 Leptonen und deren Antiteilchen als Bausteine, 8 Gluonen, γ, $W^{\pm}$, Z^0 als Vermittler der drei Wechselwirkungen und das Higgs-Boson H als Quant des Higgsfeldes, das die Teilchenmassen generiert.

© Springer Fachmedien Wiesbaden GmbH, ein Teil von Springer Nature 2019
H. Paetz gen. Schieck, *Atome, Kerne, Quarks – Alles begann
mit Rutherford*, essentials, https://doi.org/10.1007/978-3-658-24811-6

Teilchenenergie   1 MeV $= 1{,}602 \cdot 10^{-13}$ J ist die kinetische Energie, die ein Teil-
                   chen mit der Elementarladung e beim Durchlaufen einer Span-
                   nung von 1 Mio. Volt gewinnt.

Teilchenzoo   Fülle der in der kosmischen Strahlung und in Beschleuniger-
                   experimenten nachgewiesenen Teilchen. Alle zwei Jahre neue
                   Liste aller Teilchen, letzte [26].

$W^{\pm}$ und Z^0 Vermittler der schwachen WW, aufgrund ihrer großen Massen
                   sehr kurze Reichweite der schwachen WW.

Literatur

1. Aguilar-Benitez M et al., Particle Data Group, Phys. Rev. **D 45**, 1 (1992)
2. Amaldi U, *Particle Accelerators: From Big Bang Physics to Hadron Therapy*, Springer, Cham (2015)
3. Amaudruz P et al., Phys. Lett. **295B**, 159 (1992)
4. Bartel W, Dudelzak B, Krehbiel H, McElroy J, Meyer-Berkhout U, Schmidt W, Walther V, Weber G, Phys. Lett. **28B**, 148 (1968)
5. Belushkin MA et al., Phys. Rev. C **75**, 035202 (2007)
6. Benvenuti C et al., Phys. Lett. **237B**, 592 (1990)
7. Bernauer JC et al., arXiv nucl-ex, 10075076 (2010) und Phys. Rev. Lett. **105**, 242001 (2010)
8. Blietschau J et al., Phys. Lett. **86B**, 108 (1979)
9. Bothe W, Becker H , Z. Physik **66**, 289 (1930)
10. Breidenbach M, Friedman JI, Kendall HW, Bloom ED, Coward DH, DeStaebler H, Drees J, Mo LW, Taylor RE, Phys. Rev. Lett. **23**, 935 (1969)
11. https://de.wikipedia.org/wiki/Cavendish-Laboratorium
12. Chadwick J, Nature **129**, 312 (1932) und Proc. Roy. Soc. **A 136**, 692 (1932)
13. Chambers EE, Hofstadter R, Phys. Rev. **103**, 1454 (1956)
14. Close F, *The Cosmic Onion – Quarks and the nature of the universe*, Am. Inst. of Physics (1983)
15. Eidelman S et al. (Particle Data Group), Phys. Lett. **592B**, 1 (2004)
16. Geiger H, Marsden E, Phil. Mag., Series 6, **25**, 604 (1913)
17. Gell-Mann M, Phys. Lett. **8**, 214 (1964)
18. Gell-Mann M, Ne'eman Y, *The Eightfold Way*, Benjamin, New York (1966)
19. Heisenberg W, Z. Physik **77**, 1 (1932) und Z. Physik **78**, 156 (1932)
20. Hofstadter R, Ann. Rev. Nucl. Sci. **7**, 231 (1957)
21. Hofstadter R, *Nobel Lecture* (1961)
22. Livingston MS, *High-Energy Accelerators*, Interscience, New York (1954)
23. CODATA-10, Mohr PJ, Taylor BN, Newell DB, Rev. Mod. Phys. **84**, 1527 (2012)
24. Peset C, Pineda A, Eur. Phys. J. A **51**, 32 (2015)
25. Pohl R, Nature **466**, 213 (2010)
26. Tanabashi M et al. (Particle Data Group) *Rev. Particle Properties* Phys. Rev. D**98**, 030001 (2018)

© Springer Fachmedien Wiesbaden GmbH, ein Teil von Springer Nature 2019
H. Paetz gen. Schieck, *Atome, Kerne, Quarks – Alles begann mit Rutherford*, essentials, https://doi.org/10.1007/978-3-658-24811-6

27. Rutherford E, Phil. Mag., Series 6, **21**, 669 (1911)
28. Rutherford E, Phil. Mag. **A37**, 537 (1919)
29. Rutherford E, Proc. Roy. Soc. **A97**, 324 (1920)
30. Sick I, Phys. Lett. **576B**, 62 (2003)
31. Sick I, Bellicard JB, Bernheim M, Frois B, Huet M, Leconte Ph, Mougey J, Xuan-Ho P, Royer D, Turck S, Phys. Rev. Lett. **35**, 910 (1975)
32. Soddy F, Chem. News **107**, 97 (1913)
33. Taylor RE, Proc. Int. Symp. on Electron and Photon Interactions at High Energies, Stanford (1967)
34. Wang P et al., Phys. Rev. D **79**, 094001 (2009)
35. Wegner HE, Eisberg RM, Igo G, Phys. Rev. **99**, 825 (1955)
36. Zweig G, CERN Report No. 8182/TH401 (unpublished)

Zum Weiterlesen

37. Albrecht J, Langenbruch C, Physik Journal **17**, 35 (2018)
38. Berger C, *Teilchenphysik*, Springer, Berlin (1992)
39. Bethge K, Walter G, Wiedemann G, *Kernphysik*, 3. Auflage, Springer, Berlin (2007)
40. Mayer-Kuckuk T, *Kernphysik*, 7. Auflage, Teubner, Stuttgart (2002)
41. Mayer-Kuckuk T, *Atomphysik*, 5. Auflage, Teubner, Stuttgart (1997)
42. Paetz gen. Schieck H, *Nuclear Reactions – An Introduction*, Lecture Notes in Physics **882**, Springer, Heidelberg (2014)
43. Paetz gen. Schieck H, *Key Nuclear Reaction Experiments – Discoveries and Consequences*, IOP, Bristol (2015)
44. Povh B, Rith K, Scholz C, Zetsche F, *Teilchen und Kerne – Eine Einführung in die physikalischen Konzepte* 9. Auflage, Springer, Berlin (2013)
45. Sessler A, Wilson E, *Engines of Discovery – A Century of Particle Accelerators*, World Scientific (2007)
46. Simonyi K, *Kulturgeschichte der Physik*, Verlag Harri Deutsch, Thun und Frankfurt (1995)

Printed in the United States
By Bookmasters